LA FELICIDAD EN PILOTO AUTOMÁTICO

FELIPE MONTENEGRO

ESTRUCTURA - ÍNDICE

Introducción
- Prologo
- Presentación
- El Descubrimiento
- Construyamos Algo
- ¿Por qué este libro?
- ¿Quién soy?

1. El Desafío
2. El Inicio del cambio
3. Lo Estático – El Antiguo Mundo
   - ¿Qué es el Piloto Automático?
   - Mitos
4. La Solución – El nuevo Mundo
   - Activando el Piloto Automático
   - La Configuración
5. El Programa: felicidad en piloto automático
   - Primera estación: gratitud
   - Segunda estación: respiración
   - Tercera estación: positivismo
   - Cuarta estación: Ejercicio Físico
6. Ejecución del programa
   - Como empezar
7. Errores típicos
   - Déjà vu
   - La felicidad como resultado
   - La felicidad como momentos
8. La recta final
   - ¡Preparados, Listos, Fuera!
9. Referencias

PRÓLOGO

The great thing, then, is to make our nervous system our ally instead of our enemy. For this we must make automatic and habitual, as early as possible, as many useful actions as we can. —W. James, 1890

La felicidad en piloto automático es un libro testimonial y optimista que su autor, Felipe Montenegro, escribe a partir de una experiencia traumática, enmarcado en la psicología positiva. Es también un libro realista, pues se basa en fundamentos básicos de la neurociencia. Así, nos propone cambios en nuestra actitud y conductas, fundamentalmente mediante la adquisición de hábitos positivos y eliminación de los negativos.

Conocí a Felipe siendo su médico y posteriormente a través de sus proyectos. Se caracterizó siempre por su actitud positiva, demostrando ser una persona inteligente, estudiosa y con buen humor. Este libro, narrado con un lenguaje ágil, es un reflejo de todas estas características. Veamos qué nos dice el autor.

Después de relatarnos las razones que tuvo para escribir su historia, pasa a explicar la existencia del piloto automático en todos nosotros.

Estupenda metáfora para describir los procesos subconscientes o inconscientes del cerebro, que forman gran parte de nuestra actividad mental y cognitiva, y que quedan fuera de nuestra consciencia. Desde Sigmund Freud y William James en adelante, las neurociencias se han interesado en este mundo mental subconsciente, responsable de la toma de muchas decisiones, hábitos, respuestas automáticas, patrones motores, emociones repetitivas, etc.

Sin embargo, estos procesos mentales son inaccesibles para nuestra consciencia debido a la arquitectura propia del cerebro, y no por fuerzas motivacionales, como la represión freudiana. El cerebro tiende a la automatización de acciones y de patrones motores o conductuales, especialmente si se repiten en el tiempo.

Como bien dice el autor, el caminar, hablar y otras conductas aprendidas no requieren de la consciencia para su ejecución. Participa en esta actividad todo el cerebro, pero especialmente los núcleos grises centrales (tálamo y ganglios basales), formaciones de neuronas que reciben los input de las distintas percepciones sensoriales y reciben conexiones desde la corteza cerebral y, por lo tanto, relacionan los procesos inconscientes con la actividad consciente.

El segundo punto importante que este libro relata, es el uso de los hábitos para modificar nuestra conducta, en piloto automático. La mayor parte de nuestras vidas en vigilia actuamos acorde a nuestros hábitos. Estos son, en gran medida, adquiridos a través de la experiencia y dependientes de la plasticidad cerebral. Se establecen mediante conductas o actos repetidos en el curso de días, meses o incluso años, y pueden llegar a ser completamente fijos y estereotipados.

Así, los hábitos son prácticamente automáticos, virtualmente inconscientes, permitiendo que la atención se enfoque en otras tareas. Constituyen una secuencia ordenada de acciones, favorecidas por estímulos o contextos definidos, y pueden estar referidos a acciones cognitivas (hábitos de pensamiento) o motoras.

Así, los hábitos son conductas motoras o cognitivas, repetitivas y secuenciales, provocadas por señales externas o internas, que una vez iniciadas se completan inconscientemente. En su constitución participan circuitos neuronales de los ganglios basales en conexión con el neocórtex, especialmente prefrontal.

Basado en estas características, el autor nos propone ejercitar y desarrollar cuatro hábitos (gratitud, respiración, positivismo y ejercicio físico), destinados a permitir un cambio de disposición en nosotros y lograr un mayor bienestar, pero también permitir mejorar los rendimientos y el desarrollo de otras conductas cognitivas específicas.

Es de esperar que a este entretenido libro, rápido y fácil de leer, le sigan otros dedicados al desarrollo de otros hábitos de igual importancia.

- Manuel Fruns, MD, PhD (UK) NEURÓLOGO

PRESENTACIÓN

Tengo el agrado de presentar La felicidad en piloto automático, cuyo autor, Felipe Montenegro, es un joven hombre con mucha pasión y energía por entender ese tremendo motor que es nuestro cerebro. En este libro no solo encontrarán el traspaso de conocimientos aprendidos, sino que también aquellos experimentados y vividos en los desafíos que a veces presenta la vida.

Considero importante confesar mi interés por el tema del inconsciente en nuestras vidas y, por ende, mi interés por leer y presentar este libro. A lo largo de los años, aprendemos muchas cosas, pero nunca se nos enseñan temas esenciales como el desarrollo de nuestra inteligencia emocional, alcanzar estados de bienestar controlando nuestros pensamientos, o adquirir hábitos saludables que nos generen emociones positivas.

Es notable la sencillez con la que en este libro se explican complejos procesos que nos permiten comprender sin mayores dificultades la búsqueda de la felicidad. Esta es una obra que busca desarrollar el efecto heliotrópico, definido en la botánica como el movimiento que realiza un organismo vivo –como por ejemplo los girasoles– buscando la luz del sol.

En la psicología positiva, se asegura que este efecto de florecer ante el sol es similar a los efectos de la positividad, al hacer surgir aspectos beneficiosos para nuestras vidas. La sujeción de buenos hábitos en nuestro inconsciente generará movimientos o esfuerzos que harán que nuestra mente se enfoque en las cosas positivas. La naturaleza del ser humano es acercarse a lo positivo en detrimento de lo negativo y ha recopilado algunos hallazgos importantes que demuestran la preferencia de las personas por lo positivo.

Los seres humanos tenemos mayor facilidad para aprender palabras con connotaciones positivas más que negativas, solemos responder mejor hacia los términos positivos que negativos, recordamos más nuestras experiencias positivas, tendemos a buscar los estímulos positivos y evitamos los negativos. En este mismo sentido, La felicidad en piloto automático apunta a crear hábitos que induzcan a nuestros pensamientos a generar emociones positivas, para que nuestro estado de bienestar mejore sustancialmente, de forma natural y espontánea.

En mi opinión, debemos ser capaces de irradiar esa luminosidad adquirida hacia los demás, despertando nuestras fortalezas y habilidades en su beneficio. ¿Cómo? Transmitiendo esa energía positiva que todos tenemos cuando estamos realizando lo que nos gusta. Construyendo relaciones de beneficio mutuo, basadas en lo que cada uno hace bien. Siendo generosos con los demás y ganándonos su confianza. Y, finalmente, expresando nuestra gratitud en cada acción que nos beneficia.

Confío que este libro pasará a ser un indispensable en las bibliotecas de muchas familias y un buen material de estudio en colegios y universidades. Esto se debe a la riqueza tanto en información, ejemplos y las claras definiciones que nos ofrece el autor.

 - Gonzalo Iglesias

EL DESCUBRIMIENTO

Mientras sentía la calma luego de un sinfín de emociones y se desvanecía mi mirada producto del fallo neuronal, alcancé a pensar en mi familia y en que me había faltado dejar un legado antes de pasar al otro barrio. Miles de funciones dejaban su sitio habitual para emprender el viaje hacia lo desconocido. Las sinapsis enloquecidas ante la atenta mirada de mi propio espíritu hacia el interior, sintiendo todo mi ser, en una sinergia colectiva, haciendo un repaso de todas mis emociones. Buscando una razón para no dejar de respirar. Lo logré. Ni con todo el estudio del mundo había abierto los ojos como con este suceso tan breve y poderoso. En unas horas descubrí lo que en años de estudio había intentado contestar.

El miedo, a diferencia de la felicidad, es el recuerdo más difícil de reconfigurar, dado que ayuda a la supervivencia. Sin embargo, en el último minuto de tu vida, lo que usa tu cerebro para mantenerte con vida no es el miedo, sino que todo lo que te ha hecho feliz y lo que aquí queda... esa es su arma más poderosa. Si me hubiesen preguntado antes sobre qué es la felicidad, no habría tenido respuesta. Ahora, si me preguntan, la respuesta es fácil... es lo que te ata a la vida.

CONSTRUYAMOS ALGO JUNTOS

Todo lo que no cambia está muerto, tu vida va a cambiar siempre, depende de ti que ese cambio sea a tu favor...

—Felipe Montenegro

Como persona de negocios y actualmente experto en felicidad y bienestar, he tenido la suerte de conocer personalidades de todo tipo. Las que más me llamaron la atención fueron aquellas que estaban en los extremos. Algunos eran muy felices y espontáneos, otros muy introvertidos y dramáticos, por no decir una palabra más comprometedora. Pero en las próximas páginas no voy a contarles cuáles son los perfiles de máxima felicidad; este no es uno de esos libros.

En vez de esto, explicaré cómo lograr la felicidad a través de los principios neurológicos en los que se basa nuestro organismo y cómo utilizarlos en la vida cotidiana para obtener logros en el mundo de los negocios, familia o amigos. Cuando esto se logra, nuestra simpatía, positivismo y energía aumentan sutilmente, de forma que nuestro círculo cercano no siente que somos otra persona de un día para otro.

El objetivo principal de este aprendizaje es agregar a nuestro piloto automático nuevas conductas que permitan generar cambios, de manera que nuestras relaciones de negocios, amistad y familia mejoren mediante esta adquisición de hábitos. De allí hacia adelante comenzarán a escuchar más que nunca tus sugerencias, a tener más en cuenta tus consejos y pasarán de la pasividad a la acción tras escuchar tus palabras que –descubrirán– van en la búsqueda del bien más preciado de la humanidad: la felicidad y el bienestar.

Como ya debes estar pensando, la felicidad requiere más que una serie de cambios de hábitos, debido a que en su definición es una elección que puede tomarse en cualquier momento y circunstancia, siendo el bienestar un juego mental parecido al del perro y el gato; es decir, una interacción de poder entre dos mentes.

En este libro tendrás acceso a información que nunca antes fue escrita públicamente por la ciencia. Personalmente encuentro que este es el secreto más poderoso que ningún neurólogo, psicólogo o científico ha revelado para lograr de la felicidad, bienestar y éxito. Desde el primer momento que los sepas vas a querer implementarlo en tu vida y la de tus seres queridos. Aprenderás cómo realizar cambios positivos de forma permanente. Querrás enseñar a los demás esta nueva manera de alcanzar la felicidad. Tanto así, que tus oyentes arderán en deseos de escuchar cómo lo lograste.

¿POR QUÉ ESTE LIBRO?

El día a día en piloto automático. La felicidad en piloto automático se originó a raíz de un problema de salud hace casi ya dos años. Anteriormente a esto, mantuve una constante búsqueda por conocer cómo llegar a tener control de nuestras vidas, saber qué era la felicidad y cómo llevar el bienestar a un estado mayor. Siendo franco, pensaba que tendría todo el tiempo del mundo para estudiar y escribir este libro, pero al darme cuenta de lo frágil que es la vida supe que era hora de terminar lo que había comenzado.

Dentro de este proceso, me impresionó la falta de conocimiento acerca de los conceptos de felicidad y bienestar, así como las permanentes preguntas que manifestaba la audiencia de las charlas sobre felicidad que impartía. Al terminarlas, los espectadores se acercaban a mí y me preguntaban: "¿La felicidad me hará tener más dinero?" y "Este piloto automático, ¿funciona solo en la felicidad o se puede aplicar a otras labores del día a día?".

La respuesta a la primera pregunta era rápida y pauteada: "La gente feliz gana más que la gente infeliz, ¡pero siempre hay un infeliz que gana más!". No obstante, la segunda es una pregunta con la que no puedo bromear.

La felicidad y el desarrollo personal son los conceptos máximos a los que aspira toda la humanidad. Si no queremos esto en la vida, estaremos más cerca de una existencia sin sentido. Personalmente, vivo y uso este método en todas las labores del día, desde hablar en público hasta hacer ejercicio. Con este libro aprenderás a modificar tus hábitos y usarlos en cualquier circunstancia a tu favor.

Entender el concepto de piloto automático te ayudará a adquirir costumbres diarias, haciendo que tu conducta mejore y siempre te sientas en el control de la situación, aunque estés en piloto automático. Una vez que leas y pongas esto en práctica –con constancia y respetando el tiempo necesario– serás capaz de lograr resultados antes impensados.

Las personas exitosas en todo aspecto poseen hábitos fuertemente arraigados en su ADN, pero analizar cuáles son estos hábitos no es el tema central de este libro. Más bien al contrario. Leyéndolo aprenderás a identificar cuáles hábitos se adaptan a tus necesidades. Las personas que creen y confían lo hacen porque sus hábitos son los que demuestran una mayor percepción positiva de la vida y, en la mayoría de los casos, poseen un bienestar mayor.

Las personas de forma inconsciente analizan y perciben el entorno para generar juicios de valor sobre estos de forma automática.

Este libro te enseñará la importancia de los hábitos, el bienestar y la felicidad, como puntos indispensables para tu desarrollo y el de tus seres queridos.

Una vez que descubras que los hábitos son el idioma del inconsciente, que es un paso muy importante para el éxito, deberás aprender a interpretar cuál es su uso y qué rol juegan en tu vida. Saber cómo alinearlo en tu vida será la clave para lograr tus objetivos armónicamente y poder elegir con autoridad los mejores hábitos para ti.

Tras el estudio de este libro, aprenderás a relajar tu cuerpo y mente con pequeños actos diarios, tal como lo hago yo antes de cada presentación. También aprenderás qué es la felicidad y cuál es su poder, hasta lograr hacer cambios por ti mismo.

Lo mejor de este libro es que no requiere conocimientos de neurología, coaching o psicología. Ni siquiera una inteligencia o capacidad superiores. Solo basta con querer realmente un cambio positivo en nuestras vidas.

¿QUIÉN SOY?

Puede que no me hayas visto nunca o siquiera hayas oído hablar de mí. Aunque soy parte del mundo de los negocios y la academia, he preferido no llamar mucho la atención por estos temas. Toda la vida he sido un apasionado con el tema de la felicidad y de buscar la forma de entregar el conocimiento y mejorar la vida de las personas. Mi primera charla fue hace un poco más de ocho años en el centro cultural de un municipio, donde fueron aproximadamente unas siete a ocho personas. Fue entonces cuando me di cuenta de que hablar sobre la felicidad y cómo alcanzarla, era lo que me apasionaba.

Llevo bastante tiempo estudiando el cerebro. Me costó mucho encontrar educación formal que no estuviese ligada a patologías, sino hacia el funcionamiento del motor de nuestra vida, el cerebro.

La razón de mi motivación de este estudio era entender qué había detrás de nuestras acciones y poder definir desde un punto de vista neurológico la felicidad, yendo más allá de las hormonas que nos dan placer.

Un buen amigo y mentor me dijo una vez: "Todos siempre hacen lo que en ese segundo creen que es lo mejor para ellos". Esta frase me marcó, ya que efectivamente dudo que alguien quiera hacer algo que le haga mal.

Pero, ¿por qué las personas no logran sus metas, si tienen todo para cumplirlas? Sabemos que tener el cuerpo que soñamos es posible, lo único que se necesita es constancia y autocontrol. Les dejo una pregunta abierta: ¿por qué no lo tenemos? No sé ustedes, pero la mayoría de mis conocidos casi nunca lo logra.

Luego de esto comprendí que lo que necesitaba era contestar la interrogante que me motivó a estudiar neurología. ¿Qué es esa fuerza que nos impide poder cumplir nuestros deseos? A partir de ahora, conocerás los secretos neurológicos para el uso del cerebro en piloto automático que permiten alcanzar un mayor bienestar, potenciar nuestras dotes y lograr resultados asombrosos. Hoy tienes la respuesta ante tus ojos.

UNO
EL DESAFÍO

"La felicidad humana generalmente no se logra con grandes golpes de suerte, que pueden ocurrir pocas veces, sino con pequeñas cosas que ocurren todos los días."

—Benjamín Franklin

La felicidad es un concepto bastante de moda que se ha investigado y estudiado desde el origen de la humanidad. Podría dedicar mi vida a escribir sobre las distintas interpretaciones realizadas e incluso así me faltarían tres o cuatro generaciones más para poder llegar a una conclusión.

Resulta interesante que algo que todos deseamos y aspiramos en todo momento de nuestras vidas no lo podamos describir fácilmente.

Piensa en el primer momento de felicidad que viviste en tu vida. Tal vez fue un cumpleaños, una ida al parque, un abrazo de tus padres. ¿Recuerdas esa agradable sensación? Cierra los ojos por unos segundos e imagínala. ¿Sentiste algo similar a aquella vez? Si logramos revivir esa sensación es debido a que su registro está en nuestro inconsciente.

Ahora volvamos a nuestras vidas actuales, donde para vivir en sociedad se necesita seguir una serie de reglas. Somos parte de una sociedad en constante evolución, donde actualmente una persona de clase media posee más comodidades que el más rico del siglo XVIII. Su expectativa de vida es mayor, su vida carece de malestares físicos la mayoría del tiempo, el trabajo es menos exhaustivo, tenemos mayor acceso a la información, a viajar, entre tantas otras cosas.

Pese a que cada día tenemos mayores comodidades, al parecer cada día las enfermedades ligadas al estrés, tensión y depresión son más comunes y nos impiden alcanzar el bienestar deseado. Sin hablar de estadísticas, es cosa de observar a nuestro círculo más cercano para darnos cuenta de que todos tenemos a alguien con depresión o al menos estrés.

La celeridad de la sociedad ha hecho que cada vez tengamos que realizar más cosas en menos tiempo. Esto causa una completa transformación de hábitos y conexiones a nivel cerebral. ¿Alguno de ustedes se ha sentido así? Si la respuesta es afirmativa sabe a qué me refiero.

Antes de mi accidente, tenía la absoluta convicción de que nuestra actual condición de vida no era la que merecíamos, imagínense ahora. Les aseguro que seguir ese ritmo nos iba a asesinar a todos. Ahora, posterior a mi grave estado de salud, todo cambió. En el último aliento me dije que si tuviera la oportunidad de volver, haría que mi descubrimiento quedase en todos aquellos que quisieran adquirirlo.

Precisamente la palabra adquirir es el tema de este capítulo, no con el afán de conseguir bienes o servicios, sino para tener y vivir la vida que quieran realmente. El inicio de nuestro viaje comienza en identificar si tú has sentido esa energía que te frena e impide lograr tus deseos o metas.

Esa energía que cuando estás en plan de ahorro hace que compres algo que te gusta; esa que te hace comer un trozo de pizza cuando estás haciendo dieta para verte mejor; esa que hace que no puedas terminar una tarea simplemente por sentir que no puedes, te da "lata" o no tienes ánimo. Lo importante es saber que esta energía no es negatividad, no es algo mágico ni algo imposible de combatir.

Después de un exhaustivo estudio descubrí que esta energía es nuestro cerebro en piloto automático, comandando y diciéndote lo que debes hacer. Este sistema se basa en nuestros hábitos creados y experiencias de vida; el tálamo indicando a nuestro ser que usemos el lado inconsciente.

La ciencia actual se basa en combatir lo que queremos mejorar de nuestras vidas de forma consciente, pero "nuestra" solo en cierta forma, es una ilusión que nuestro cerebro en piloto automático nos hace sentir y creer.

El cerebro es una máquina de supervivencia que solo velará por disminuir el uso de recursos y tomará decisiones en base a lo que está en su biblioteca de experiencias. Cada uno de los actos del cerebro será para asegurar la supervivencia, y es la razón por la que el miedo es el recuerdo más difícil de reconfigurar.

Nuestro desafío es lograr ser los dueños de nuestra voluntad y superar esta falta de energía, elegir ser felices y tener mayor bienestar. Lograr romper la dominación de nuestro cerebro en piloto automático y comenzar a elegir la vida que queremos tener.

¿Te gustaría ser el verdadero dueño de tus decisiones y bienestar? ¿Aceptas el desafío? Entonces sigue leyendo, porque aquí encontrarás conocimientos realmente importantes.

DOS
EL INICIO DEL CAMBIO

"El que puede cambiar sus pensamientos, puede cambiar su destino."

— Stephen Crane

Solo de dos formas se puede lograr un cambio. Cuando algo nuevo sale de ti o cuando algo nuevo llega a ti. Mi historia nace con la segunda, no tuve opción de elegir, pero sin dudas fue lo peor y lo mejor que me ha pasado en mi vida. Sé lo que se siente estar desmotivado, conozco de cerca la sensación del fracaso y entiendo lo que es no tener energía. Lo he vivido al igual que tú, he estado ahí, pero mi historia cambió y mi vida con ella.

Fue entonces que decidí estudiar el funcionamiento de nuestro motor principal. Fue como amor a primera vista, lo que leía lo absorbía con pasión. Nunca fui el mejor alumno en química, pero cuando escuchaba cortisol, dopamina y sinapsis era como si estuvieran revelando ante mis ojos el secreto de lo que tanto había buscado.

Empecé a usar los principios básicos de la neurología para mi propio bienestar, quería usar la ciencia para potenciar la felicidad. Este estudio me demostró que cinco sextos de la ciencia eran destinados a patologías, quedando muy poca documentación accesible para los mortales sobre potenciar a los seres sanos. Me pregunté por qué la ciencia y la Psicología lo llevan todo a las patologías. Su rol es sanar al enfermo, llevar al sano a un estado superior mental. Ni hablar, esto queda en manos de la vida.

El punto de partida fue darme cuenta de que la mayoría, por no decir todo el tiempo, hacemos nuestras acciones en piloto automático, es decir a partir de hábitos adquiridos o rasgos propios de nuestra personalidad. Es más que recurrente escuchar frases como: "Si sabes cómo es", "él no va a cambiar", "pero si él es así". Me dolía escuchar estas frases, no encontraba justo nacer con una condición de flojo, impuntual o malagradecido, mientras que otros nacían, agradecidos, positivos y ordenados. Debía existir algo más en juego.

Aquí fue donde empezó el laboratorio clínico con mi persona como sujeto de estudio. Sin saberlo adquirí el hábito del positivismo. Luego de conseguirlo, ocurrieron cosas que me acercaban al éxito cada vez de forma más recurrente. La suerte se apodero de mí y fue un espiral de hechos positivos. Como el laboratorio que era, debía descubrir el punto donde se creó el hábito y saber cómo poder replicarlo, el estudio de la neurología aplicado a la felicidad había comenzado.

En este nuevo viaje obtuve información que cada día quería profundizar más. Fue tanta mi obsesión por el tema, que en el transcurso de mi estudio ocurrió un suceso que cambió mi vida para siempre. Sentí lo que era pensar que sería el último suspiro. Todo lo que había logrado gracias a mi descubrimiento de forma acelerada, mis logros, mis orgullos, todo se desvanecía irónicamente. Después de tanto estudiar la belleza de nuestro motor, este mismo fue el que falló de la forma menos esperada. Sabía que estaba perdiendo motricidad, el bulbo raquídeo ya había dado la orden de parar las funciones para evitar un daño mayor. El piloto automático estaba actuando sin siquiera preguntar.

Logré respirar una vez más con tranquilidad después de dos meses de llegar a pensar que nunca más volvería a mi estado anterior. Si bien volví físicamente, mi forma de ver la vida cambió para siempre. Ahora cada segundo que vivía era como si estuviese en los segundos de alargue; estaba viviendo gratis. Me di cuenta que no solo yo estaba viviendo gratis, todos lo estábamos. Mientras pensaba en mi último momento, recordaba lo difícil que era estar vivo. Cada uno de los presentes en esta tierra nació como un gran ganador y no sabe lo difícil que fue llegar hasta aquí.

Me tomé la libertad de analizar matemáticamente la siguiente pregunta. ¿Cuál es la probabilidad de nacer?

Un humano convencional masculino produce en promedio unos doscientos millones de espermatozoides por día, un humano promedio al cabo de cincuenta años fértiles habrá producido tres mil trillones de espermatozoides, ¡tres mil trillones! Los suficientes para repoblar por completo el planeta a lo largo de la historia de la humanidad si cada uno de ellos hubiera sido un humano. Para que se explique con detalle la dificultad y la escala: un millón de segundos son once días, un billón de segundos son treinta y un años, un trillón de segundos son treinta y un mil setecientos años.

Llegó el momento, debía poner en práctica todo lo que había estudiado con tanto cariño, pasión y dedicación. Tenía solamente en mis registros mentales una fórmula que debía y era necesario comunicar. Esta fórmula era la que me había ayudado a tener éxitos y felicidad de forma automática y sin mayores esfuerzos. Los invito a descubrir cómo adquirir la disfrazada fórmula para el éxito... Vivir en piloto automático.

TRES
LO ESTÁTICO
EL ANTIGUO MUNDO

"Somos lo que hacemos repetidamente. La excelencia, entonces, no es un acto sino un hábito."

— Aristóteles

¿QUÉ ES EL PILOTO AUTOMÁTICO?

El cerebro es una máquina perfectamente diseñada para la supervivencia. Se divide en dos grandes partes desde el punto de vista del funcionamiento: la parte manual y la parte automática. En la manual están las elecciones de tomar un objeto, leer, saltar la cuerda, etc. En la automática el 99% restante: respirar, coordinar el corazón, las múltiples funciones del páncreas, ente tantas otras.

Para entender por qué el cerebro lucha en primera instancia por sobrevivir, debemos saber que nuestro cerebro resulta excepcionalmente caro desde un punto de vista energético. En recién nacidos, donde el cerebro aún está en desarrollo, consume un 60% de la energía total que produce diariamente. En adultos, nuestro cerebro consume una quinta parte de la energía diaria y, con ello, lo mismo que toda nuestra musculatura en estado de reposo.

Es decir, un cerebro de 1,3 kilos aproximadamente consume lo mismo que 27 kilos de músculo (en un hombre de 65 kilos). Para hacerse una idea de lo costoso que es el cerebro humano en comparación con cerebros de otras especies, en los chimpancés el cerebro consume un 13%, en otros mamíferos más pequeños como el ratón doméstico un 8,5% y en el mamífero medio un 5%. Podríamos decir sin mucho margen de error que nuestro cerebro es el órgano más caro que existe.

Dentro de la función manual, la neocorteza es quien lidera, aquí se absorbe de forma consciente todo lo que pasa a nuestro alrededor, números, cifras y datos duros. Pero su participación en el cerebro es como un espectador en un estadio. Si bien es importante, no es muy significativa desde el punto de vista de las decisiones cotidianas. El que realmente canta en el escenario es un actor automático conocido como cerebro límbico. Si bien nuestros pensamientos generan emociones, este pequeño trozo es el dueño de nuestras emociones.

Mientras nuestro cerebro vela por usar el mínimo de recursos posibles, todo lo que vemos y sentimos sensorialmente es cuidadosamente analizado por el tálamo, el gran jefe del uso de los recursos, quien decide unilateralmente qué es consciente y qué inconsciente. Este gran jefe analiza si el acto es puntual, si es conocido o si ha de ser repetido en el tiempo. Si es puntual y no afecta la supervivencia, lo acepta; en caso contrario apaga nuestro modo manual y nos hace funcionar en modo automático.

Lo anterior demuestra por qué luego de repetir una acción nuestro cerebro la encasilla como recurrente y la hace automática. Desde allí no necesitamos casi ningún tipo de consciencia para llevarla a cabo. Piensen en cuando alguien aprende a manejar. Al principio su cerebro recibe una cantidad abismante de variables: el entorno, los cambios, la dirección, los sonidos, el instructor, etc. Pero luego de varios intentos el tálamo da la orden de pasar esta conducta al piloto automático para así aprenderla y ahorrar energía. Esta es la razón por la que podemos manejar, escuchar música, contestar a nuestro copiloto y saber perfectamente hacia dónde vamos sin siquiera esforzarnos.

El estado consciente tiene un gasto de energía muy superior a lo que creemos. Tal como leímos un anteriormente un recién nacido usa el 60% de la energía que consume, solo por su cerebro. Esto porque al no tener experiencias pasadas, necesariamente debe usar la consciencia para saber cuáles dejará como automáticas y cuáles no.

Con nuestro crecimiento el trabajo del tálamo permanece invariable. Lo repetitivo lo aprende y pasa a piloto automático, lo puntual lo omite. Esta es la base de por qué la práctica hace al maestro. Es solo mostrar funciones a nuestro tálamo de que haga uso del piloto automático. Es, sin dudas, la forma más eficiente del uso de energía.

Cuando aprendemos a leer nos cuesta ya que debemos pasar al piloto automático las palabras. En cambio ahora, que estás leyendo este libro, es tu piloto automático quien va uniendo palabras que ya conoces para buscar un significado. Usas solo una mínima parte de la energía que ocupaste al aprender a leer.

Para las experiencias positivas y negativas el cerebro funciona de la misma forma. Por ejemplo, es allí donde se crea el miedo, es nuestro piloto automático creando un hábito de supervivencia, funcionando en base a nuestras experiencias pasadas y buscando evitar aquellas que podrían atentar contra la vida. Esta es la razón de por qué el miedo es tan difícil de eliminar del cerebro.

Ahora cualquier cambio en tu vida, sea cual sea, si la acción es repetitiva el cerebro hará lo imposible para que no lo tengas que hacer de forma reiterada. El cerebro cita a directorio y dice: "Estábamos bien y sobrevivíamos sin esta nueva conducta, ¿por qué deberíamos aceptarla si esto significa un mayor gasto?". Suena como a un departamento de finanzas muy bien educado.

Esta es la base de por qué todos los cambios nos generan rechazo. La mejor forma de demostrárselos en vivo y en directo sin ningún tipo de magia o maquillaje es la siguiente:

- Aplauda y deje sus manos unidas.
- ¿Qué dedo pulgar tiene arriba? ¿Izquierdo o derecho?
- Gire las manos cambiando el pulgar de arriba hacia abajo.

¿Sientes esa sensación extraña? Es el gran jefe diciendo que la forma correcta de aplaudir es la anterior. Aquella sensación es el bloqueo al aprendizaje de algo nuevo.

Esto es lo que sucede siempre: el cerebro frena los cambios dado que generan un mayor uso de recursos. Tal como debes estar pensando, nuestro cerebro es la máquina más eficiente jamás creada, pero a la vez la más mediocre para nuestros éxitos terrenales y generación de nuevas iniciativas.

Luchar contra el gran jefe de forma consciente es como buscar un alfiler de noche sin luz en Nueva York. Sin dudas, se puede, pero como nos han enseñado, el camino para llegar al éxito es largo y difícil. El viejo mundo nos ha dicho desde que tenemos memoria que el dinero cuesta, que la felicidad es momentánea, el éxito requiere mucho sacrificio y que nada en la vida es gratis, entre tantos mitos más.

Hemos visto cómo este antiguo mundo y sus mitos nos muestran que pese a tener más comodidades los problemas son cada día mayores. La única forma de ser mejor es estar en un promedio. Este promedio hace que tengamos que saber cada día más. Quien no lo logra tiene un problema que debe corregir. Aquí es cuando enfermedades como la depresión y el estrés, propias de nuestra época, en vez de corregirlas debemos aprender a vivir con ellas.

El concepto anterior tiene sus bases en los promedios, la Medicina y Psicología usan los promedios como el estándar de comparación. ¿Cuánto se demora en leer un niño? Pues el tiempo que necesite. Para la ciencia y Psicología la pregunta es otra: ¿cuánto se demora en promedio en leer un niño? La respuesta es entre 4 a 5 años. ¿Qué pasa con el niño que lee en 3 años? Es superdotado. ¿Qué pasa con el niño que lee en 9? Es un tonto.

Esto ha hecho que los colegios, empresas y familias promedien a las personas y tengamos que vivir en una sociedad nivelada bajo este escenario. Sin embargo, el problema no es el promedio, sino que siempre se quiere subir lo malo en vez de potenciar lo bueno. Esta es la clave de por qué la Psicología y la Medicina en su gran mayoría se dedican a sanar en vez de potenciar.

La síntesis es que todo lo anterior del viejo mundo ha generado en nosotros fuertes hábitos en modo automático que nos frenan a seguir adelante. La mayoría de nuestros sentimientos de intolerancia al cambio, no poseer energía y no hacer las cosas incluso sabiendo que son vitales para nuestro propio bien, tenían su origen en el piloto automático mal empleado.

Si al antiguo mundo sumamos el termino felicidad, la cosa aun empeora. La fórmula de la felicidad según el antiguo mundo era de la siguiente:

Trabajo duro –> Éxito -> Felicidad

No solo esta condición está errada en su génesis, ya que la mayoría de las personas exitosas ven el trabajo como algo que les causa gusto, sino que tiene una condición neurológica errada. El cerebro está diseñado para sobrevivir, lo que genera que al alcanzar un objetivo, inmediatamente se transforme y busque una nueva meta. Esto genera que nuestro estado de felicidad sea tan breve y poco duradero que crea la sensación de que la felicidad es solo momentánea.

Adicional a lo anterior, en el antiguo mundo la felicidad, de acuerdo a los estudios del profesor y escritor Tal Ben-Shahar, hasta hoy es mejor conocida como la sensación de alivio. En la actualidad con todas las cosas que debemos hacer, pensar y provisionar, la sensación de alivio no puede ser más bienvenida.

Sin embargo esta felicidad es un estado negativo. Una vez que retornarnos a nuestra condición de estrés, tensión y trabajo, lo único que queremos es volver a sentir alivio. Por esto confundimos la felicidad con el alivio tan fácilmente.

Como los pensamientos generan sentimientos en nuestro cerebro aún tenemos una alternativa. De acuerdo con Psychology Today, la investigadora Sonja Lyubomirsky, de la Universidad de California, afirmó que el 40% de nuestra capacidad para ser felices depende de nosotros mismos.

Entonces, si el 40% de la felicidad depende solo de nosotros, debemos entender que algo más hay en juego. El antiguo mundo nos ha hecho creer que estamos condicionados a nuestra personalidad. Es aquí donde nacen una serie de mitos que se han transformado en hábitos cerebrales. Si tienes alguno de estos es mera casualidad.

Mitos

No quiero perder mi esencia, soy así. Si cambio dejaré de ser yo. ¿Realmente esta es tu esencia? Este punto es la base de la resistencia cerebral al cambio. Nos han hecho creer que nuestra esencia está tan arraigada en nuestros actos que si cambiamos dejaremos de ser nosotros.

Creo por defecto que la vida es dura. Como vimos en un inicio, tuvimos que ganar una carrera contra veintitrés trillones de candidatos para llegar acá. Una carrera tan difícil no puede terminar en que por defecto sea dura. La gente infeliz se ve a sí misma como víctimas de la vida y se mantienen atrapadas en la actitud de "mira lo que me pasó" en lugar de buscar un camino para salir de su situación.

La felicidad como tal no existe, son solo momentos en la vida. Esta frase es un referente de conocer la felicidad como un alivio. Debemos entender que la felicidad no es una condición de un momento. La pregunta no es ¿eres feliz?, sino ¿qué puedes hacer hoy para ser más feliz?

Sin darme cuenta me concentro en lo que está mal en este mundo, en comparación con lo que está bien. La gente infeliz no le presta atención a lo que está bien. En su lugar se centran solamente en lo que está mal. Puedes detectarlos a un kilómetro de distancia, son las personas que se quejan y que responden a las cosas positivas de nuestro mundo con "sí, pero...".

Veo el futuro con preocupación y miedo. La gente infeliz se llena de pensamientos sobre lo que podría salir mal en lugar de pensar en qué podría salir bien. Esto hace que tengan una vida con preocupación y miedo constante.

Mis conversaciones están llenas de chismes y quejas. La gente infeliz le gusta vivir en el pasado. Las cosas que les han pasado y las dificultades de la vida son sus temas de conversación preferidos. Cuando se quedan sin cosas que decir, centran su atención hacia la vida de los demás y chismean sobre ellos.

Si identificaste alguno de estos mitos como parte de tu vida, no te preocupes, en los próximos capítulos iniciaremos el viaje para revertirlos. Nuestro cerebro está condicionado al menor uso de energía, lo que gasta menos energía… gana. En el caso de los mitos, al escuchar tanto una repetición logramos hacerla inconsciente, la ejecutamos siguiendo el patrón para ahorrar energía.

Te propongo el siguiente experimento, imagina que estás sentado entre el público en una de mis charlas. Me dirijo a ti, te doy el micrófono y digo: "Levántese y cuéntele al mundo su historia de forma que todos puedan oírla". Al cabo de unos segundos ya estás de pie, contando tu historia al público. Lo sepas o no, acabo de usar un secreto neurológico para obligarte a seguir mis órdenes. Si te exigiera solamente diciendo: "¡Levántese!", probablemente te negarías o me preguntarías por qué. Es natural resistirse a una orden directa. Siguiendo el mismo razonamiento si te pidiera: "Cuéntele al mundo su historia", te sentirías incómodo al hacerlo. ¿Por qué convertirse voluntariamente en el centro de atención?

Por sorprendente que parezca, cuando combino estas dos órdenes –"Levántese" y "cuéntele al mundo su historia de forma que todos puedan oírla"–, estoy absolutamente seguro de que lo harás. ¿Por qué? ¿Cómo puedo estar tan convencido?

Verás, esta técnica se basa en una sencilla regla neuronal: el conector "y" hace creer al oyente que ha recibido mucha información de golpe, no sabe a qué orden resistirse y entonces acepta las dos. Justo cuando está a punto de resistirse a la primera, recibe la segunda, y le supone un menor esfuerzo obedecer a ambas que oponerse a cualquiera de las dos.

Por supuesto, el oyente no racionaliza de este modo cada uno de los pasos que he descrito, sino que procesa rápidamente esta pauta de pensamiento de manera inconsciente. Al hacerlo, no se siente manipulado; al contrario, cree que ha hecho bien al decidir seguir las órdenes.

¿Quieren intentarlo? Pídanle a un niño que realice una acción, como por ejemplo "tráeme eso". Él o ella puede que no lo haga. Sin embargo díganle dos acciones juntas: "tráeme eso y dime cómo te fue ayer". Mágicamente lo hará. Este sencillo ejemplo nos demuestra que para nuestro cerebro el ahorro de energía es nuevamente el punto central. Siempre que sea posible, el gran jefe va a buscar una excusa de forma automática en lugar de querer realizar la acción.

Como vimos, si el cerebro analiza que encontrar una excusa significa un mayor esfuerzo energético que hacer la acción, es aquí cuando la haremos.
Lamentablemente, esta también es la razón por la que muchas personas quieren inconscientemente que el otro fracase. Si a otra persona le va bien y tiene las mismas herramientas y recursos que yo, para los demás es posible que yo logre lo mismo si me esfuerzo. Pero como ya sabemos, el cerebro no quiere que gastemos más energía de la necesaria para subsistir.

Por lo mismo, si la otra persona con mis mismos recursos y herramientas falla, queda demostrado que ni siquiera vale la pena intentarlo. Lamentablemente, la mediocridad tiene una razón biológica y esta es la razón de por qué el éxito es tan difícil. El inconsciente colectivo de muchos desea que no lo logre y así ellos no tengan que lograrlo también.

Si estás pensando "yo no soy así", recuerda que estos procesos son automáticos. Tal como no puedes controlar tus pulsaciones, tiempo entre respiraciones o creación de proteínas, tampoco puedes controlar al cerebro velando por el mejor uso de la energía.

El punto anterior es sencillamente el Santo Grial del fracaso, debemos vencer a ese inconsciente colectivo. No obstante, los actuales métodos para lograr el éxito no están basados en la ciencia. Cuando queremos mejorar leemos libros de autoayuda, vamos donde un coach o tomamos una clase para aprender a potenciar nuestras habilidades.

Estos son métodos conscientes y en muchas oportunidades útiles, pero no atacan la razón principal y cuestan muchísimo aprenderlas.
Realmente impresiona que pese a toda la tecnología, ciencia y avances que actualmente tenemos, hasta ahora nadie haya entregado desde el área científica los métodos para potenciar en vez de sanar. Ahora te contaré cómo lo haremos. Tenemos en nuestras manos el inicio del nuevo mundo.

CUATRO

LA SOLUCIÓN
EL NUEVO MUNDO
ACTIVANDO EL PILOTO AUTOMÁTICO

"Buscamos la felicidad, pero sin saber dónde, como los borrachos buscan su casa, sabiendo que tienen una."

— Voltaire

El nuevo mundo nace de lo que tuvimos frente tanto tiempo y nunca logramos ver. Este futuro es donde somos capaces de configurar nuestro piloto automático a nuestro favor. Aquí la vida no es un lugar difícil o duro por su definición, la personalidad es algo que es posible cambiar favorablemente y la felicidad conoce un estado duradero.

Este nuevo mundo se basa en un principio muy sencillo, el cual es sumamente diferente al del antiguo mundo, este nuevo modelo modifica el concepto como lo conocemos y se describe de la siguiente manera:

Felicidad –> Éxito -> Motivación

"Si hoy soy feliz, me siento con éxito. Esto me permite trabajar más duro y obtener nuevos éxitos". Si el nuevo mundo nos presenta la felicidad como el primer punto de la ecuación. ¿Cómo podemos iniciar este cambio al nuevo mundo? Luego de mi accedente, me pude dar cuenta de lo siguiente: la base es la "creación de hábitos". Aquellos son el idioma o código de fuente de nuestro piloto automático. Entonces, ¿cómo creo estos hábitos y cambio a mi favor el piloto automático? Es hora de empezar.

Se sabe que solo ocupamos, como máximo, menos de un 5% de nuestro cerebro. Al fallar mi organismo tuve que realizarme una serie de exámenes, entre ellos un electroencefalograma (EEG). Este examen, para quienes no lo conocen, es una prueba que se usa para estudiar el funcionamiento del sistema nervioso central, concretamente de la actividad de la corteza del cerebro. Consiste esencialmente en registrar mediante electrodos especiales las corrientes eléctricas que se forman en las neuronas cerebrales, que son la base del funcionamiento del sistema nervioso.

En esta prueba, aproveché la instancia para husmear y ver que mis signos cerebrales se mantenían estables pese a que estuviera consciente o durmiendo. Para muchos científicos esto es algo normal, para mí fue un tremendo descubrimiento que llamó mi atención.

Pude darme cuenta de que nuestro cerebro funciona prácticamente de la misma manera mientras estamos consciente a mientras estamos durmiendo. Si nuestro consciente fuera la base principal de nuestro cerebro veríamos una considerable baja en su funcionamiento al momento de dormir. Esto indica que, estemos o no durmiendo, nuestro piloto automático nunca lo está. Él es como la gravedad, mientras exista siempre va a trabajar, las veinticuatro horas del día.

Si la ciencia nos demuestra que ocupamos solamente un máximo de 10 a 5% de nuestra capacidad, sabes que soy muy positivo dado que uso el tres por ciento en mis mejores momentos. ¿Qué pasa con el 90% restante? Este porcentaje que resta es nuestro cerebro funcionando en piloto automático, sin siquiera que usted se entere.

Si sabemos que ocupamos una pequeña capacidad de nuestra consciencia, ¿por qué deberíamos dejar el ítem más importante de todos, como lo es la felicidad, en tan solo un 10%? Esta pregunta fue la que inspiró la solución. Debemos mover la felicidad al 90% restante. Es pocas palabras, hacer la felicidad parte del piloto automático.

¿Cómo lograrlo? Mediante la creación de hábitos. Es cierto que tenemos consciencia, pero está visada por nuestro inconsciente. Vivimos de forma consciente milésimas de segundos posteriores al análisis de nuestro cerebro en piloto automático, lo somos solo cuando él lo decide.

Es importante destacar que nuestro piloto automático es el que se preocupa en un 100% del presente. Si él no existiese podríamos, voluntariamente, quedarnos pegados pensando en el futuro o en el pasado, situación que aumentaría nuestras posibilidades de morir o ser atropellados por no poner atención.

¿Se ha preguntado cómo debe seguir una conversación cotidiana? De las acciones diarias y repetitivas nuestro piloto automático se encarga. Solo nos permite usar la consciencia para las acciones nuevas o de importancia. Los científicos calculan que la mente inconsciente puede procesar doscientas mil veces más datos que la mente consciente. Sí, doscientas mil veces. Si dejáramos las funciones al consciente sería como dejar a una hormiga el trabajo que podríamos dejar a una máquina pesada de construcción.

Antes de aprender a activar el piloto automático y a crear de hábitos, es muy importante entender por qué es una buena idea hacerlo. El cerebro de forma inconsciente analiza todo el escenario antes de entregarnos las imágenes que vemos. Él toma la decisión de qué es importante para nosotros y qué no. Por ejemplo, cuando caminamos y vemos un tumulto de personas, él revisa casi instantáneamente si conocemos a alguien; en caso contrario transforma en difusa la imagen para que no gastemos energías de forma innecesaria.

También decide qué es importante y qué podemos ignorar, por esto es él en encargado de bloquear el tacto de nuestro reloj o lentes de sol, de modo que sabiendo que está ahí no lo sentimos después de un rato.

Cuando nuestro cerebro registra una acción, momento o circunstancia que podría atentar contra nuestra vida o la de otros, antes de que nos percatemos, las amígdalas dan la orden de alarma apagando nuestra consciencia y actuando en absoluto piloto automático. Esto ocurre lo queramos o no. Nuestro cerebro permite que seamos conscientes solo cuando el ambiente es seguro para la vida.

Pese a que un ambiente es seguro, cada decisión que llevamos a cabo es condicionada a nuestra biblioteca de hormonas que nos hacen creer que somos conscientes: repito, creer que somos conscientes. Cuando el director de nuestras hormonas, el cerebro límbico, emite una instrucción hormonal no hay mucho por hacer.

Cuando tienes una idea tu cerebro ya ha tenido esa idea, de la misma forma puedes entender esta oración:

Sgeun etsduios raleziaods por una Uivenrsdiad lgnlsea,no ipmotra el odren en el que las ltears etsen ecsritas,la uicna csoa ipormtnate es que la pmrirea y la utlima ltera esetn ecsritas en la psiocion cocrreta. El retso peuden etsar ttaolmntee mal y aun pordas lerelo sin pobrleams, pquore no lemeos cada ltera en si msima snio cdaa paalbra en un contxetso.

Tu cerebro ordenó las letras sin preguntarte para poder entenderla. Las decisiones que tomamos casi se nos dictan de la misma forma en que ordenaste la oración anterior. Hasta reconocer e interpretar un rostro lo hacemos sin esfuerzo, existe un módulo específico del lóbulo temporal derecho encargado de ser nuestra aduana y policía de rostros. Solo le tarda milésimas de segundos hacer coincidir un rostro con la inmensa base de datos de nuestra experiencia. Siempre que el departamento de nuestra corteza insular haya identificado el rostro con una emoción, podemos recordar una cara que solo hemos visto una vez. Estos datos una vez analizados se envían a un nuevo departamento llamado corteza insular, el centro de empatía de nuestro gran jefe. Por esto, al ver una cara podemos sentir lo que la otra persona creemos que siente. Todo automático, sin esfuerzo, sin preguntarnos.

El peor escenario de inconsciencia ocurre cuando el gran jefe quiere asegurar la vida y su permanencia, es decir el enamoramiento. Si hoy conoce al amor de su vida, solo se dará cuenta si su mente inconsciente comparte y está de acuerdo con ese punto de vista. En cuestión de milisegundos el gran jefe analiza la proporción cadera-cintura, color de ojos, simetría facial y hasta la fragancia corporal.

Esto le dice a nuestro gran piloto automático si nuestros sistemas tendrán opciones de compatibilizar o no. También analiza variables de gestos y postura. Entre más una persona imite nuestros gestos, a nuestro piloto automático más le gustará. Solo cuando este gran directorio acepta, podemos saber si estamos ante el amor de nuestra vida. El piloto automático hace que incluso se ponga en ritmo nuestra respiración cuando estamos delante de alguien que nos gusta.

Una sensación que espero todos hayan sentido alguna vez, el amor, es la sensación que de mayor forma nos deja a completa voluntad y criterio del piloto automático. Las decisiones que tomamos no se basan en pensamientos conscientes; el decidir o no estar con ella o él no lo hacemos mediante una lista comparativa de cosas buenas o malas, simplemente lo sabemos. El directorio tomó ya la decisión sin siquiera hacernos parte de ella.

Desde un punto de vista científico, enamorarse es una reacción ante el estrés, el botón del pánico –la amígdala– se activa tal y como lo haría en una situación de real peligro. Ser alertado de ese modo desencadena el entusiasmo que sentimos cuando nos enamoramos. Esto hace que entremos en un modo de pánico, que nos ciega y hace que no nos fijemos con tanta atención en las conductas negativas de nuestra pareja.

De la misma forma intervienen los centros de la recompensa, las endorfinas son inyectadas por el hipotálamo, que causan euforia y la serotonina que nos pone de buen humor. Este cóctel de felicidad actúa como una droga en el núcleo accumbens –el interruptor del cerebro que anticipa las recompensas–. En palabras simples, para el cerebro el amor es como una adicción.

Mientras nuestro cerebro solo está empapado de hormonas de la felicidad, el hipotálamo se une a la fiesta e inicia la producción de cortisol, hormona del estrés que reduce nuestro campo visual cuando estamos en peligro o enamorados. ¿Será entonces una casualidad que enamorase es estar en peligro? Esa pregunta que quede a vuestro criterio. Desde el punto de pista neurobiológico, cuando estamos enamorados nos volvemos adictos, ciegos y estresados.

Tanto cuando te enamoras como cuando no, nuestro cerebro nunca deja de monitorear lo que ocurre a nuestro alrededor. Si los detectores de movimiento de nuestra corteza cerebral identifican un cambio en el plan original, nuestro sistema de alarma automático se activa, el área de motivación asfixia la descarga de dopamina, la sustancia que prevé todas las cosas buenas de nuestra vida.

La disminución es registrada automáticamente de forma casi instantánea por el núcleo accumbens, una diminuta interfaz que calcula las cosas que nos harán felices y las que no. Por lo mismo, antes de que ocurra algún percance, activará el accumbens una especie de alarma contra incendios de nuestra corteza cerebral. Esto produce una caída de voltaje dentro del cerebro consciente que nos despierta con una sacudida. Los errores hacen que nuestro cerebro se sienta mal, por eso aprendemos de ellos.

Como pudimos revisar anteriormente, la mayoría de las cosas –hasta las emociones más nobles, como el amor– suceden en modo automático. Esto ocurre porque el cerebro trata constantemente de automatizar, la búsqueda de la eficiencia funciona de forma más íntegra en piloto automático, esto asegura que existan menos accidentes en modo automático. La ciencia nos ha demostrado que existe un nuevo mundo.

Ahora que revisamos que el control está en su mayoría manejado por el piloto automático, somos el primer ser vivo en tener la gran oportunidad de poder modificarlo. Tenemos en nuestras manos una oportunidad casi mágica e impresionante, poseemos la oportunidad de intervenir y cambiar el rumbo de nuestro piloto automático. Tal y como decidimos hacerlo en un largo viaje en automóvil. Solo que ahora no necesitas el auto, con estar vivo ya puedes iniciar el proceso de cambio. Debemos entender que no es cambiar la vida, es cambiar TU vida. Por esto es tan importante.

Llegó la hora de modificar el piloto automático y su idioma nativo, los hábitos. La fórmula y el secreto se divide en dos pasos: la configuración y el programa de felicidad en piloto automático.

LA CONFIGURACIÓN

El primer eslabón necesario es algo que ha estado en nuestras manos y ha sido asequible para todos de forma gratuita. La repetición. Tal como vimos en capítulos anteriores, el cerebro siempre frenará el cambio, porque genera un posible consumo mayor de energía. Esta es la razón por la que cuando somos pequeños nos cuesta tanto lograr lavarnos los dientes, aprender a escribir o cuando somos adultos manejar un automóvil. Es nuestro departamento cerebral de finanzas diciendo una vez más: "Pero si estábamos bien sin esto, ¿realmente lo necesitas?".

Llegó la hora de tener el poder y doblar la mano a este poderoso departamento financiero cerebral. Todo se lo debemos y debemos agradecer a nuestro pequeño consciente, él es el héroe que permite que lo podamos vencer. Llevar las acciones al piloto automático nos dará una multiplicación de doscientas mil veces, contrariamente a que si lo hiciéramos en el consciente. El éxito recae en usar al máximo nuestras habilidades y esta es la primera de ellas.

Si logramos ejecutar una acción de forma constante por un periodo de repetición prolongada, el portero del castillo de nuestro cerebro, anteriormente denominado como tálamo, citará a una junta de directorio para informar que existe un hecho que es nuevo y se viene repitiendo en el tiempo. Este directorio definirá si esta acción nos causa o no algún problema para nuestra supervivencia. Si causase algún problema, como un dolor o una sensación que atente contra nuestra supervivencia, la frenará con una enfermedad o malestar.

En caso que no cause algún problema, se procederá y dará la instrucción al tálamo de que si continúa repitiéndose esta acción, la derive de forma inmediata al departamento de piloto automático y sea él quien la lidere de ahora en adelante. De esta forma la próxima vez que se tenga que hacer la acción será liderada, accionada y ejecutada por el piloto automático. Una vez que la acción es autorizada por el directorio y pasa al piloto automático, él se encargará y el rango de poder consciente se irá eliminando cada día. ¿Recuerdan cuando aprendieron a manejar un automóvil o a jugar tenis? ¿Recuerdan lo difícil que era coordinar embrague, manubrio, cambio, peatón, espacios, pelota, cómo tomar la raqueta, poder darle justo a la altura, llegar en el momento preciso, etc.?

En principio suena una tarea titánica y casi imposible, pero al cabo del tiempo y una vez aprobada por el directorio y llevada al modo automático, podemos manejar con el manos libres, pensar en la fiesta de la noche, poner atención al tránsito y darnos el lujo de tomar un jugo sin siquiera cansarnos. Los grandes tenistas al jugar no piensan en cómo tomar la raqueta o cómo deben pegarle, sino que han logrado incorporar el juego en el piloto automático. Eligen el lugar donde caerá la pelota, sin pensar en el cómo.

Cualquier conducta que hagamos de forma repetitiva en el tiempo y lo suficientemente acotada para que el tálamo llame a la reunión de directorio, será un candidato seguro al piloto automático. Así podrás crear cualquier hábito tanto negativo como positivo. Por esto es tan poderoso e importante tener conciencia de qué es lo que quieres hacer parte de tu piloto automático. Ahora que lo sabes depende solo de ti.

Tenemos la primera parte. Ya sabemos lo necesario para configurar, ingresar y modificar información para nuestro piloto automático. Pero esto es solo una importante pero pequeña parte. La configuración es el símil a que nos den un martillo. Sabemos que con él podemos llegar a hacer una obra como el David de Miguel Ángel, pero es muy difícil que lo logremos si no nos dan el cómo hacerlo.

La ciencia actual ya demostró que existen una serie de factores que ayudan a nuestra felicidad. No solo te diré cuáles son, sino que al saber que ya tienes el primer gran secreto, te presentaré la forma para que puedas pasarlos a tu piloto automático sin necesidad de nadie ni nada. Llegó el momento, los invito a conocer el programa de felicidad en piloto automático

CINCO

EL PROGRAMA FELICIDAD EN PILOTO AUTOMÁTICO

GRACIAS POR ESTAR LEYENDO ESTE LIBRO

Primera estación – La gratitud

Iniciaremos con el hábito que ha demostrado tener el mayor impacto y ser más ilustre. Un artículo del doctor en Neurociencias, Alex Korb, publicado en Psychology Today comienza diciendo: "Tome un momento para dar las gracias porque puede leer este artículo". Según este experto, dar las gracias, practicar la gratitud con frecuencia, mantiene a las personas felices y saludables. El experto refiere un estudio realizado por una pareja de investigadores estadounidenses (Emmons y McCullough, 2003) que formaron dos grupos: a uno le dieron una libreta para anotar las cosas por las que deberían estar agradecidos a diario, y al otro se les pidió que escribieran las cosas que les molestaban y las razones por las que eran mejores que otros.

El análisis empezó a mostrar resultados claros: el primer grupo mostró un incremento en su determinación, atención, entusiasmo y energía en comparación con el otro grupo. El experto nombra una observación hecha por el Instituto Nacional de Salud de Estados Unidos, en la que se analizaron las funciones cerebrales, mientras se experimentaban sentimientos de gratitud: los sujetos más agradecidos tienen mayor actividad física del hipotálamo, que controla funciones como comer, beber, dormir, incluso influye en el metabolismo y en los niveles de estrés. Eso quiere decir que dar las gracias por lo que tenemos influye positivamente en las molestias físicas, dolores y disminuye la sensación de depresión.

Dice AlexKorb que el cerebro es como un niño pequeño porque "se distrae con facilidad". Entonces, si se es alguien agradecido no tendrá tiempo para pensar en sensaciones negativas y crea un "círculo virtuoso" en el que si empieza a dar las gracias, seguirá buscando cosas para agradecer. Como el cerebro humano es tan adaptable, darle cosas para agradecer todo el tiempo hará que esto se convierta rápidamente en una buena costumbre.

Lo anterior nos muestra los buenos resultados, pero necesitamos que estos resultados en respuesta de la gratitud sean integrados en nuestras vidas de forma permanente. Este es el punto de inicio para lograr pasar la felicidad del 5 al 95%, es decir, integrar la felicidad a nuestro piloto automático.

Ahora te explico por qué hacer la lista de gratitud tiene una base neurológica. Si realizamos el trabajo de crear el hábito de la gratitud escribiendo todas las noches antes de acostarnos cinco cosas que agradecemos de ese día, el primer día que lo hagas te va a costar. Que algo te cueste significa que nuestra corteza consciente gasta energía y como ya bien sabes, eso a nuestro departamento interno de finanzas no le gusta para nada. Él intentará que se te olvide al día siguiente y no hará nada para recordártelo. Inclusive si te acuerdas y ya estás acostado lo pensarás y te dará "flojera".

Si conscientemente logras vencer este estado, ya sea amarrándote un hilo en el dedo, poniendo una alarma o usando algún método profesional para recordar y mantener la constancia, al cabo de un tiempo el tálamo llamará a la junta de directorio para informar que algo que gasta energía está siendo repetitivo y al parecer no va a parar.

Aquí el directorio de nuestro cerebro nota que esto no nos causa ningún daño. Al contrario, y tal como ya sabemos, da la instrucción para que la próxima vez sea automático. No sabes el poder y la importancia que tiene en nuestras vidas este hábito en particular, no solo porque ya no vamos a necesitar el método del recuerdo consciente para hacer la lista, sino que la función del cerebro para ahorrar energía es realmente asombrosa.

Una vez que la gratitud pasa al lado automático con doscientas mil veces más capacidad, este no va hacer lo mismo que hacía tu cerebro cada noche, recordar lo bueno del día para poder escribirlo, esto toma mucho tiempo y es poco eficiente. El gran jefe le presentará el nuevo hábito a toda la empresa cerebral y así desde el primer día sentirás como aumentan las cosas buenas, viviendo un nuevo mundo. El piloto automático, mientras registra todo lo que ves para que puedas seguir con vida, aprovechará para buscar y dejar registro de todo lo que te podría causar gratitud. Así, cuando llegue la noche y debas anotar tu bitácora de agradecimiento del día en tu lista de bienestar, te darás cuenta de que cada día te será más fácil y rápido.

Pero lo anterior no fue solo una muestra de cómo hacer eficiente un proceso, sino que es un modo de comenzar una nueva vida. El gran jefe buscará lo que te causa gratitud del día todo el tiempo sin siquiera consultarte. Esto hará que de un día para otro te sientas con más suerte y por una razón que "desconoces" ahora te pasarán cosas mejores. En respuesta a lo anterior, si te pasara esto, ¿creerías que tu día sería mejor? ¿Suena bien, cierto? En mi experiencia lo fue y lo sigue siendo cada día. Te invito a probarlo, contarme qué te pareció y ¡a compartir tu experiencia!

SEGUNDA ESTACIÓN
LA RESPIRACIÓN

Creo que podría afirmar que no existe algo más simple, libre de costo, práctico y profundo como la actual estación. La respiración profunda puede ser la herramienta consciente más poderosa que tenemos para gestionar nuestro cerebro. Gracias a Psychology Today sabemos que el consejo "respira cuando estés estresado" no solo es un dicho. Este principio está probado por la investigación y los métodos científicos actuales. Entre los aspectos más estudiados se demostró que la respiración tenía puntos científicos que debían llamar nuestra atención, tales como:

Manejo del estrés.

El cerebro está automáticamente en alerta ante las amenazas de nuestro entorno. Estamos cableados para reaccionar a la defensiva ante cualquier cosa que ponga en peligro nuestro cuerpo físico o psicológico como ya hemos visto. La respiración controlada puede ser la herramienta más poderosa que tenemos para evitar que el cerebro se mantenga en un estado de estrés. La respuesta de relajación es una forma integrada para mantener el estrés bajo control.

Manejo de la ansiedad.

Los medios por los cuales la respiración controlada activa el sistema nervioso parasimpático está vinculada a la estimulación del nervio vago, un nervio que va desde la base del cerebro al abdomen. Este nervio es el responsable de la mediación de las respuestas del sistema nervioso y de reducir la frecuencia cardiaca, entre otras cosas. El nervio vago libera un neurotransmisor llamado acetilcolina que cataliza una mayor atención y calma. Uno de los beneficios de liberar más acetilcolina es la disminución de la ansiedad.

Cambio de la expresión génica.

Otro hallazgo inesperado de la investigación sobre la respiración controlada es que puede alterar la expresión de los genes implicados en la función inmune, el metabolismo energético y la secreción de insulina.

Sin embargo, lo que más llamó mi atención fue que para nuestro programa de felicidad era vital tener una buena respiración. Presente en el lóbulo que controla las funciones vitales de nuestro gran jefe, la respiración forma parte de nuestro piloto automático desde que luchamos con la palmada en el traste de nuestro doctor al momento de nacer.

Si bien la respiración es inconsciente, en cualquier momento podemos revertir esta y cambiar la forma en que respiramos. Somos los únicos seres vivos que podemos controlar esto, espero sepas el tremendo potencial que esto conlleva y el poder que tienes en tus manos.

El cerebro se regula por nuestra respiración. Cuando estamos estresados o ansiosos esta se vuelve más ligera, produciendo un espiral que hace que la fiesta de acciones en nuestra cabeza se inicie y nuestra respiración sea cada vez más ligera. En Psicología esto se conoce como "la respuesta de vuelo".

Cuando respiramos profundamente, tal como lo haría un bebé, la respuesta es inversa. Herbert Benson indica que cambiar la forma que respiramos se llama "respuesta de la relajación" y puede corregir la respuesta al vuelo. Un gran descubrimiento científico es que la respiración no solo funciona para corregir la respuesta al vuelo, sino que es parte del código de conducta de nuestro cerebro y de la forma en que corregimos conscientemente nuestras emociones. El gran jefe interpreta parte de nuestra realidad por la forma en que respiramos.

Habiendo conocido los beneficios de la respiración, es hora de aprender a crear nuestro segundo hábito. Es muy importante que respires, si no lo haces morirías. Pero no estoy hablando de respirar, estoy hablando de respirar profundo y diferente. Para crear el hábito realizaremos tres respiraciones profundas seguidas tres veces en el día. No importa a qué hora lo hagas, eso es tu decisión. Lo puedes hacer mientras te lavas los dientes, te duchas, antes de dormir o donde te sientas más cómodo.

La mejor parte de este segundo hábito es que es lo puedes hacer sin que nadie se dé cuenta y también es gratis. El desafío es lograr que sean respiraciones profundas, inhalando por la nariz hasta que sientas que el aire toca el estómago y luego exhalando lentamente por la boca. Recuerda, tres repeticiones, tres veces al día por un mes. Te invito a probarlo, contarme qué te pareció y ¡a compartir tu experiencia!

TERCERA ESTACIÓN – POSITIVISMO

En nuestro interior sabemos que todo va a pasar en algún momento, pero cuando algo no nos gusta, agrada o no es lo que esperamos, insistimos inconscientemente en desatar un espiral de malas emociones que pueden dejarnos peor a como estábamos.

Vas en el automóvil camino al cumpleaños de un gran amigo, un momento que sin dudas será muy grato. Pasas a buscar a tu querida novia y, como es común en ella, se demora más de lo normal. Luego de la espera retomas el camino, pero un accidente impide el paso de los vehículos y el tráfico no avanza.

Tu ira crece, empiezan todos a tocar la bocina del vehículo y te pones irritable. Tu novia dice algo que no te gusta y comienza una breve discusión que va creciendo en forma de espiral. Al final llegas al cumpleaños de tu amigo y la energía es pésima. ¿Te suena esa historia? Volvamos atrás, pero con un breve cambio.

Vas en el automóvil camino al cumpleaños de un gran amigo, un momento que sin dudas será muy grato. Pasas a buscar a tu querida novia y, como es común en ella, se demora más de lo normal. Luego de la espera retomas el camino, pero un accidente impide el paso de los vehículos y el tráfico no avanza.

Le dices a tu novia que, para aprovechar el tiempo, jueguen a elegir dónde les gustaría viajar. Empiezan todos a tocar la bocina del vehículo y tú sigues entre Bali, China y Puerto Rico. Tu novia te cuenta cosas que no conocías de ella y la empiezas a conocer más. Al final llegas al cumpleaños de tu amigo y tienes un nuevo tema para la mesa, les preguntas dónde les gustaría viajar a ellos y cuentas tu historia.

Lo anterior no es ser positivo, es el resultado si ya se tiene el hábito. La definición de positivismo es muy diversa en todos los medios científicos y académicos, pero para fines prácticos usaremos la siguiente: creer, buscar y encontrar el lado bueno a cualquier circunstancia.

La definición anterior tiene sus raíces en que todo hecho tiene una connotación buena que podríamos sacar a nuestro favor. Tal como vimos en la historia anterior, el suceso es exactamente el mismo, pero el desenlace no lo es. Una persona con el hábito del positivismo ya forjado, transforma el tiempo muerto en una situación provechosa para él y quienes lo acompañan.

El positivismo es reforzar que existe algo bueno para nuestras vidas en todo momento. En mi caso, experimenté lo que era estar ad portas de nunca más poder sentir la luz del sol ni respirar y lo creí cierto, realmente lo creí. No me podía parar sin sentir mareos, fuertes dolores de cabeza y un pitido en el oído que pocas veces me dejaba dormir.

Gracias al hábito del positivismo estoy escribiendo este libro. Creo que lo anterior fue lo mejor y lo peor que me pudo haber pasado. Sin este suceso malo no tendría el honor de estar escribiendo esto para ti. Estás leyendo esto gracias a algo "malo" que para mí fue terrible.

Un reciente artículo en Scientific American habla de una investigación llevada a cabo por Shelley Gable y Jonathan Haidt. Estos sugieren que normalmente tenemos tres veces más experiencias positivas que negativas en el día a día. Sin embargo, el sesgo hacia el negativismo es la tendencia innata de atender a todo aquello que es negativo. Se sugiere que, en parte, esta inclinación tiene orígenes primitivos, ya que hace miles de años el ser humano debía enfocar su atención en los peligros que podían acecharle para subsistir.

¿Les suena esto familiar? Nuestro cerebro es exactamente igual. Lo negativo al poder atentar con nuestra vida hace que sea de nuestra atención inconsciente. La teoría dice que no es probable morir de felicidad o amor, pero sí se puede morir por la mayoría de las cosas negativas. Es por esta tendencia que los periódicos son más exitosos dando malas noticias, ya que naturalmente queremos conocer los sucesos que podrían afectarnos.

Sin embargo, la tendencia hoy en día se ha invertido, a nivel personal y en general nuestra sociedad tiene más oportunidades de prosperar si enfocamos y compartimos lo positivo en nuestras vidas.

Por alguna razón, en ciertas sociedades no está bien visto hablar de nuestras experiencias positivas, podría parecer que estamos presumiendo lo bien que nos va. Parece ser preferible utilizar nuestras penas como una forma de conectar y compartir con otras personas.

La invitación está abierta para todos quienes quieran ser parte de esta nueva tendencia: el positivismo. Comenzaremos de la siguiente forma, por un plazo de treinta días, mi recomendación es que hagas dos cosas. La primera es que cada vez que tengas una situación que sea negativa o que te cause molestia, pienses en tres cosas buenas que podrían salir de esta. Suena difícil, esa es la idea.

Para tu cerebro buscar tres cosas es mucho, lo que es muy bueno. Créeme que para ahorrar energía el gran jefe hará todo lo que sea necesario para conseguirlo y llevar esto al piloto automático es la mejor opción. Si logras el desafío, cada vez que te enfrentes a algo malo el cerebro en modo automático te dirá inmediatamente y sin esfuerzo, qué cosas buenas puedes sacar de esta situación. ¿Te imaginas viviendo así? ¿Suena bien, no? Personalmente forjé este hábito de forma natural y sin duda es parte trascendental de mis logros.

La segunda tarea es mandar un correo de agradecimiento al día, también por treinta días, por algo bien hecho o que haya sido un aporte positivo.

No necesariamente debe ser en tu trabajo, puede ser a un familiar, a una compañía, a un blog, a quien te haya aportado en tu día, ¡a quien tú quieras! Esto hará que tengas que buscar algo que resaltó en tu día y el piloto automático lo buscará sin siquiera molestarte. Nuevamente te invito a probarlo, contarme qué te pareció y ¡a compartir tu experiencia!

ULTIMA ESTACIÓN
EJERCICIO FÍSICO

Aunque la sabiduría pública reflejada en el viejo aforismo romano Mens sana in corpore sano , reconocía ya la evidente conexión entre salud física y mental, solo recientemente la comunidad científica ha prestado atención a la relación entre ejercicio físico y función cerebral.

Al principio se pensaba que los efectos positivos del ejercicio físico se debían fundamentalmente a que el flujo de sangre al cerebro aumenta significativamente, con lo que las células cerebrales se encuentran mejor oxigenadas y alimentadas, contribuyendo a que estén más sanas.

Siendo esto un aspecto importante, el ejercicio produce una gran variedad de efectos sobre el cerebro que solo ahora estamos empezando a conocer. Por ejemplo, no solo la actividad intelectual es importante para mantener la capacidad intelectual a medida que se envejece, el ejercicio físico también lo es aunque no entendamos bien por qué.

Primero, debemos aclarar a qué nos referimos con "ejercicio físico". Desde luego no estamos hablando de una vida de deportista. Nuestra sociedad ha llegado a tal grado de sedentarismo que a lo que nos referimos aquí casi se podría catalogar de mera "actividad física" o "moverse".

Haremos primero un mínimo de historia retrospectiva para situar mejor nuestros argumentos. Nuestros antepasados hasta antes de la Revolución Industrial se veían forzados a realizar todo tipo de tareas físicas en su quehacer cotidiano. El cuerpo humano está diseñado para mantener una actividad física constante, que para el hombre de hoy puede considerarse muy elevada: correr, brincar, trepar, etc. Durante muchas horas al día. La fisiología humana se ha desarrollado, por tanto, para cubrir estas necesidades físicas y la requiere. Mientras que nuestros hábitos han cambiado en poco menos de un siglo, nuestra fisiología sigue siendo la misma.

Este es el argumento que siempre se ha utilizado para explicar los efectos nocivos del estrés asociado a la vida moderna. Un mecanismo de adaptación fisiológica al hábitat natural de hombre que deja de tener utilidad. De hecho, en el caso de la respuesta de estrés, esta es nociva en un hábitat transformado drásticamente por la civilización. En síntesis, el cuerpo humano necesita la actividad física para mantener una serie de funciones básicas. Personalmente –creo que estarás de acuerdo–, la felicidad debería ser considerada una función básica.

Como ya habrás escuchado alguna vez, el ejercicio libera endorfinas. Sustancias capaces de crear sensación de relajación y felicidad. Es por esta razón que muchos expertos recomiendan a las personas que sufren de depresión o ansiedad que empiecen a practicar alguna actividad física. Para todo ello no es necesario pasar incontables horas en el gimnasio, para mejorar el estado anímico bastará con breves sesiones a la semana.

Ahora te contaré un secreto, el hacer ejercicio no es como tomar antidepresivos... sino que dejar de ejercicios es como tomar depresivos. Como vimos el ser humano está diseñado y configurado para el movimiento. El hacer ejercicio inyecta las dosis precisas en nuestro cerebro para aumentar las hormonas y neurotransmisores para ayudar a la felicidad.

El ser humano como lo conocemos actualmente solo representa el tres por ciento de la Historia: si lo medimos desde los fenicios hasta el último siglo, el cerebro está acostumbrado al ejercicio físico, un cambio en este aspecto tomaría miles de años de evolución. Como no tenemos mil años, haremos algo más práctico. Le haremos un regalo a nuestro cerebro y este hará lo mismo con nosotros.

SEIS

EJECUCIÓN DEL PROGRAMA
¿CÓMO EMPEZAR?

Ahora que conocemos los hábitos que son parte del programa Felicidad en piloto automático, es muy trascendental saber que para su correcta ejecución no es posible realizarlos todos a la vez. Esto sobrecargaría el aprendizaje de nuestro cerebro y nos impediría lograr óptimos resultados.

Debemos iniciar el programa con tan solo UN HÁBITO A LA VEZ. Solo cuando terminemos uno y este ya pase al piloto automático, recién en ese momento podemos continuar con el siguiente. El programa tiene una duración aproximada de cuatro meses, siempre y cuando seas constante y realmente hagas TODOS LOS DÍAS el ejercicio para crear el hábito.

El no ejecutar la acción diaria de forma constante hace que nuestro cerebro valide que no es necesaria para nuestra supervivencia. De modo que la próxima vez que lo hagamos nuestro gran jefe y su gran poder se esforzará para que dejemos de hacerla.

Es vital la constancia para lograrlo, así como crear los hábitos en nuestros hijos e hijas quienes no tienen el hábito de la constancia y dependen casi de un cien por ciento de nosotros.

Utiliza cualquier método para recodar hacer la acción, ya sea amarrándote un hilo al dedo, poniendo la alarma del celular o anotándolo en el espejo de tu casa. LA CONSTANCIA ES VITAL. Todos estos cambios son gratis, puedes hacerlos sin mayor ayuda y solo depende de tu constancia para cumplirlos. No podemos engañar a nuestro cerebro, esto no es un examen, no nos podemos mentir a nosotros mismos. SIN CONSTANCIA NUNCA CREAREMOS EL HÁBITO. Solo basta con abandonarlo dos días seguidos antes de los treinta días para borrar todo nuestro avance. Solo cuando pasamos los días necesarios la acción se convertirá en un hábito y pasará a ser automática. Antes nunca lo será. Ya sabes por qué científicamente pasa esto.

SIETE

ERRORES TÍPICOS

"Un error no se convierte en verdad por el hecho de que todo el mundo crea en él."

— Mahatma Gandhi

"Esto lo he vivido antes", es algo que todos hemos pensado alguna vez. Pero, créanlo o no, toda su vida es literalmente así. Tal como vimos en capítulos anteriores, nuestro gran jefe está velando por nuestro presente y por sobrevivir. La forma más elegante de hacerlo es analizar absolutamente todo sin siquiera darnos cuenta. Este guardián invisible está adelantado a nuestra consciencia por un periodo que dura solo un tercio de segundos. Es decir nuestro inconsciente vive y sabe lo que sucederá antes que nosotros.

En estas milésimas de segundo, el área que nuestro guardián lidera, analiza de forma automática una cantidad impensada y enorme de datos sin dejar pasar ningún detalle. Solo cuando esta información es procesada, depurada y aceptada como un ambiente seguro, nos dejan seguir adelante con nuestro córtex cerebral activo o, mejor dicho, nuestro consciente disponible. Si en ese tercio de segundo el guardián hubiese detectado que existe algo que atente contra nuestra vida, la amígdala dará la orden y, para evitar errores, apagará nuestro consciente y nos hará funcionar meramente en inconsciente o en piloto automático.

Esta es una de las sensaciones más extrañas que experimenta nuestro cerebro y de la que somos conscientes a lo largo de una milésima de segundo. Nuestro organismo es casi perfecto, pero, como todo, tiene sus pequeñas fallas y el déjà vu es uno de ellos.

Todos conocemos de cerca la extraña sensación de haber vivido, visto o sentido un hecho que nos está ocurriendo en ese momento. Sin embargo esto es una muestra de una anomalía de nuestra memoria. Un error en la Matrix. En términos técnicos, concretamente es por una pequeña actividad epiléptica que se registra en la zona del lóbulo temporal de nuestro cerebro.

En términos prácticos, el guardián dejó escapar datos que estaba analizando sin pasar por el filtro. Lo anterior hace que este envíe por separado y con una milésima de segundo de diferencia el mensaje de lo que estamos viendo y sintiendo en ese preciso instante, haciendo que nuestra mente registre ese momento como algo ya vivido anteriormente.

Ese pequeño error en la Matrix nos hace sentir que un momento específico ya lo hemos experimentado anteriormente, pero con el inconveniente de que no tenemos más datos precisos sobre esa situación, sintiendo una extraña rareza que nos desconcierta por no saber responder cuándo y cómo estuvimos en aquel lugar, el cual es, posiblemente, la primera vez que visitamos.

Ocupé y expliqué el término déjà vu para demostrar que nosotros hacemos algo similar en muchos sentidos en nuestras vidas sin darnos cuenta. Aquí nace el primer error típico: creer que nuestra conducta está condicionada en su totalidad a la experiencia y, por ende, no es modificable. Condicionamos nuestras vidas de acuerdo a lo que está en nuestro entorno, donde los fantasmas creados por nosotros ("iría al gimnasio sí...", "pero si creía que...", "haría ese proyecto pero...", entre tantos más) nos aplacan y mantienen en el mismo lugar. Todos actúan como frenos y creemos que nuestra vida es resultado meramente de las oportunidades que se nos aparecen o se nos da.

Tal como revisamos anteriormente, tienes el poder absoluto de cambiar lo que quieras, ya sabes que hay una fuerza invisible que te frena. Tienes la receta para hacer que el gran jefe se ajuste a tus intereses y logres conseguir lo que te propongas. Sobre esta frase en particular nace el segundo error típico: la felicidad como un resultado.

La felicidad como resultado

¿Eres feliz? ¿Reconoces esta frase? Es el inicio al error típico número dos. La pregunta está pésimamente hecha. Tal como ya sabes, el inconsciente vela por el presente y el consciente, en la mayoría de los casos, por el futuro. Hoy nuestra felicidad como la conocemos está basada en hechos pasados que afectan nuestro presente y en cosas futuras que esperamos estén en nuestro presente. Esto hace que nuestra felicidad se mida por el ahora, pero está medida por el pasado y el futuro. A la larga, esto implica una felicidad trabajada solo por el 5% de nuestro cerebro.
La felicidad debemos medirla como una carrera de largo aliento y cambiar la pregunta a: ¿qué puedo hacer para ser hoy más feliz? Esto cambia inmediatamente el método de medición e implica que ahora somos felices pero que queremos serlo todavía más. Esto no es una ambición de felicidad, sino que no dejamos espacio a que no somos felices porque medimos la felicidad como una carrera de largo aliento y no como un momento puntual y esporádico. En lo anterior radica el error típico número tres: La felicidad son pequeños momentos.

La felicidad como momentos

Creer que la felicidad son pequeños momentos es medirla con una condición diferente a lo que es. En la mayoría de los lugares de Occidente confundimos la felicidad con la sensación de alivio. Tenemos un millón de cosas que hacer y al tener vacaciones, salir de esa deuda o salir campeones de fútbol, hace que nos sintamos con una baja de estrés, tensión y preocupación que nos hace sentir placer. Pero este placer no puede ser más momentáneo y negativo. Adicional a su corta duración, hace que cuando volvamos de nuestras vacaciones, volvamos a otra deuda o se inicie el nuevo campeonato, el estrés sea mayor. Lo único que queremos es volver a sentir "felicidad en forma de alivio".

Los tres errores típicos hacen una ecuación casi perfecta que se resume en una vida imposible de modificar, basándose en la búsqueda de la felicidad como momentos y metas que en su mayoría solo generan alivio. Les comparto una oración que escucho a menudo en personas que me piden que los guíe. Si las has escuchado tienes ya con quien usar todo tu nuevo poder:

Mi vida es injusta, nací flojo y me cuesta mucho hacer cosas nuevas que sé que son buenas para mí. Soy antisocial y siempre seré así, así soy yo, si cambio dejaría de ser yo, sería otra persona. Aunque sé que la felicidad son momentos, he tenido pocos en mi vida. Lo único que quiero es salir de vacaciones o dormir, así podré estar tranquilo.

Esta frase la denominé la autolimitación. Nace cuando nuestro cerebro gana la batalla del ahorro de energía y nos convence de que no cambiemos. Ya conoces los errores, hoy queda en tus manos decidir estar al mando de tu vida. ¿Te gustaría tenerla? Exige tenerla, ¡tú puedes!

OCHO
LA RECTA FINAL
¡PREPARADOS, LISTOS, FUERA!

Estamos concentrados, tenemos abrochados los cordones, hemos calentado los músculos y estamos en posición de salida. Solo nos queda escuchar el disparo. Creo firmemente que todos merecen una vida mejor y si llegaste hasta aquí estoy seguro que es porque crees lo mismo.

Tenemos acceso a la información como nunca antes, como ya bien sabes, tienes todo el conocimiento de la historia de la humanidad en un aparato en tu bolsillo. En mis clases siempre pregunto: "¿Que sería lo más difícil de explicar a un viajero del tiempo que viniera del 1900?". Mi respuesta: "Explicar que tenemos todo El conocimiento del mundo en nuestro bolsillo, todos los indicadores económicos en tiempo real, toda la información de Matemáticas, Física, Química e Historia, todo a nuestra disposición e incluso así lo usamos para ver gatos y enviar chistes".

El cómo usamos la información es igual de importante que el cómo manejas tu felicidad. Depende de ti cambiar el paradigma y empezar desde ya a cambiar tus hábitos. El resto se realizará en modo automático.

Pero la responsabilidad no recae solamente en tu vida personal. Debes extender tu poder y aplicarlo con todos tus seres queridos. Ahora que lo tienes debes usarlo para beneficiar a toda la gente que estimes y quieras, sobre todo a tu familia. Ellos son los pilares de tu vida, la esencia y base de tu real felicidad, lo que te ata a este mundo. Tener un círculo positivo es la clave de una vida realmente feliz.

La invitación ya está hecha, la decisión solo depende de ti. Antes de despedirme te daré un regalo adicional que espero ocupes para entender por qué los demás son y piensan diferente a ti. Todos vemos el mundo de distinta manera. La razón neuronal es que nunca has estado en el mundo real, solo en el mundo que tu cerebro te muestra. Tus receptores analizan la realidad y te la presentan como tu gran jefe quiere que la veas. Todas las personas ven el mundo de una forma diferente, hay miles de millones de mundos dentro del planeta Tierra.

Hoy escribo este libro porque creo en ti, creo en el desarrollo y felicidad de las personas. Sobre todo creo en que tú puedes mostrar tu mundo a todos y lo maravilloso que puede ser. Recuerda ya tienes el poder y no es para cambiar la vida, es para cambiar TU vida. Repito, el poder es tuyo, solamente depende de ti.

Gracias por leer esto. Estoy ansioso por conocer tus éxitos, historias y felicidad. Quedaré a la espera de tus noticias. Un fuerte abrazo.

Felipe

REFERENCIAS

Slatcher & Pennebaker, 2006 - Gallup, 2005 - Emmons & McCullough, 2003 - Shapiro, Schwartz & Santerre, 2005

Carro E, Nuñez A, Busiguina S, Torres-Alemán I (2000) Circulating insulin-like growth factor I mediates effects of exercise on the brain. J Neurosci 20: 2926-2933.

Eliakim A, Brasel JA, Cooper DM (1999) GH response to exercise: assessment of the pituitary refractory period, and relationship with circulating components of theGH-IGF-I axis in adolescent females. J Pediatr Endocrinol Metab 12: 47-55.

Greenough WT, Black JE, Wallace CS (1987) Experience and brain development. Child Dev 58: 539-559.

Hultsch DF, Hertzog C, Small BJ, Dixon RA (1999) Use it or lose it: engaged lifestyle as a buffer of cognitive decline in aging? Psychol Aging 14: 245-263.

Isaacs KR, Anderson BJ, Alcantara AA, Black JE, Greenough WT (1992) Exercise and the brain: angiogenesis in the adult rat cerebellum after vigorous physical activity and motor skill learning. J Cereb Blood Flow Metab 12: 110-119.

Kramer AF, Hahn S, Cohen NJ, Banich MT, McAuley E, Harrison CR, Chason J, Vakil E, Bardell L, Boileau RA, Colcombe A (1999) Ageing, fitness and neurocognitive function. Nature 400: 418-419.

Larsen JO, Skalicky M, Viidik A (2000) Does long-term physical exercise counteract age-related Purkinje cell loss? A stereological study of rat cerebellum. J Comp Neurol 428: 213-222.

Merzenich M, Wright B, Jenkins W, Xerri C, Byl N, Miller S, Tallal P (1996) Cortical plasticity underlying perceptual, motor, and cognitive skill development: implications for neurorehabilitation. Cold Spring Harb Symp Quant Biol 61: 1-8.

Neeper SA, Gomez-Pinilla F, Choi J, Cotman C (1995) Exercise and brain neurotrophins. Nature 373: 109.

Neeper SA, Gomez-Pinilla F, Choi J, Cotman CW (1996) Physical activity increases mRNA for brain-derived neurotrophic factor and nerve growth factor in rat brain. Brain Res 726: 49-56.

Stern Y, Albert S, Tang MX, Tsai WY (1999) Rate of memory decline in AD is related to education and occupation: cognitive reserve? Neurology 53: 1942-1947.

Torres-Alemán, I. (2001) Serum neurotrophic factors and neuroprotective surveillance: focus on IGF-I. Molecular Neurobiology 21: 153-160.

van Praag H, Kempermann G, Gage FH (1999) Running increases cell proliferation and neurogenesis in the adult mouse dentate gyrus. Nat Neurosci 2: 266-270.

www.ingramcontent.com/pod-product-compliance
Lightning Source LLC
Chambersburg PA
CBHW030940240526
45463CB00015B/839